AF476607

CULTURE DES FLEURS

ET

DES PLANTES AROMATIQUES

CULTURE DES FLEURS

ET DES PLANTES AROMATIQUES

FABRICATION DES PARFUMS

EN PORTUGAL

ET DANS SES COLONIES.

Avenir de cette Industrie dans ce Royaume.

PAR L. CLAYE

PRÉSIDENT DU SYNDICAT DE LA PARFUMERIE

PARIS

LEBIGRE-DUQUESNE FRÈRES, ÉDITEURS

Rue Hautefeuille, 16

1865

CULTURE DES FLEURS

ET

DES PLANTES AROMATIQUES

FABRICATION DES PARFUMS

EN PORTUGAL

ET DANS SES COLONIES

AVENIR DE CETTE INDUSTRIE DANS CE ROYAUME

> O Christ, c'est un spectacle charmant de voir ce que le ciel a fait pour cette délicieuse contrée. Que de fruits odoriférants mûrissent sur chaque arbre! Que de fécondité sur ces collines......
>
> (CHILD-HAROLD, *Byron*.)

En faisant tomber presque subitement les dernières barrières qui entravaient le commerce des nations, la liberté a créé à l'industrie des conditions nouvelles dont chacun doit tenir compte, s'il ne veut trouver la ruine dans l'application du principe puissant qui doit faire le bien-être et la richesse des peuples. La carte de la production industrielle doit être refaite d'une manière plus normale ; plusieurs de ses centres seront fatalement déplacés. Une activité féconde va succéder à l'inertie déplorable dans laquelle les obstacles purement artificiels de la vieille politique retenaient les contrées les plus richement dotées par la nature, les races les mieux douées. Toutes les industries factices nées et grandies sous le régime de la protection douanière, comme ces plantes exotiques qu'on élève à si grands frais en serre chaude, sont condamnées à mourir et à disparaître sous le régime vigoureux de la libre concurrence. Celles qui, au contraire, ont pour bases naturelles et immuables les produits du sol, la situation géographique des pays, le génie propre à chaque race, voient s'ouvrir devant elles des débouchés immenses et une vie de prospérité devant laquelle reculera la misère, comme l'ignorance et la barbarie, d'où elle vient, reculent et disparaissent devant la science.

Il convient donc que chaque industriel étudie, avec le plus grand soin, la situation que la législation internationale nouvelle va faire à ses produits, à ses opérations commerciales et qu'il prévoie l'avenir de son industrie de manière à satisfaire aux besoins accrus et à profiter des débouchés nouveaux, sans crainte d'être écrasé par les efforts de la concurrence.

Cet examen de la situation présente et à venir de l'industrie qui m'intéresse le plus directement a attiré mon attention, d'une manière toute particulière, sur la culture des fleurs et des plantes aromatiques en Portugal. J'ai cru devoir consigner, dans ce simple aperçu, les raisons qui me portent à penser que la fabrication de la parfumerie deviendra, dans un avenir prochain, une des industries les plus importantes de ce pays où elle est presque nulle aujourd'hui.

En France, la parfumerie a pris, dans ces derniers temps, une extension considérable et rapide; la plus grande partie de ses produits, peut-être plus de la moitié, est demandée par l'exportation (1).

(1) De 1826 à 1836, l'exportation moyenne fut de six millions par an; de 1837 à 1846, elle fut de dix millions; de 1847 à 1856, les troubles politiques ralentirent un peu la marche de cet accroissement : elle ne s'éleva qu'à douze millions; en 1860, elle a été de trente-un millions et, malgré les guerres d'Amérique, ce chiffre n'a pas dû notablement baisser pendant ces deux dernières années. La production totale peut être aujourd'hui portée en France de cinquante-cinq à soixante millions.

Paris, situé loin des pays de production de presque toutes les matières premières qu'elle emploie, semble s'être emparé du monopole de cette industrie. Quoique son génie particulier et le goût qu'il sait mettre dans tous les produits de luxe, et qui, suivant une expression heureuse, est la monnaie courante qui leur assure tous les marchés, expliquent naturellement cette espèce de monopole, il ne faut pas moins se préoccuper de ce que ce fait peut avoir d'anormal et chercher les conséquences du mouvement libre-échangiste qui nous entraîne, pour une industrie qui trouve dans le commerce extérieur le principal écoulement de ses produits.

Il ne faudrait pas cependant s'exagérer la portée des préoccupations qu'excite en nous cet état de choses. C'est un simple sentiment de prévoyance commerciale auquel ne se mêle nulle crainte pour l'avenir d'une industrie qui est bien pour nous une véritable industrie nationale. Aujourd'hui, la parfumerie française ne trouve de rivale sur aucun marché. L'Angleterre, la Russie, l'Allemagne même ne luttent avec elle qu'en imitant d'une manière plus ou moins heureuse ses produits. Elle a pour elle la réputation justement acquise, un outillage bien approprié, la perfection de ses procédés, une éducation professionnelle qui date de loin et qui, habituée à aller au-devant de tous les changements qui peuvent satisfaire la fantaisie, la mode ou l'hygiène, est pour cela même souverainement apte à rechercher et à appliquer les améliorations et les progrès indiqués par la science. Les cultures florales de la Provence sont d'ailleurs incomparables ; Nice et l'Algérie rivaliseront bientôt, sous ce rapport, avec Grasse. Leurs essences sont recherchées dans le monde entier ; elles font délaisser celles autrefois si renommées de l'Orient. Les résines des Indes, les baumes de l'Amérique, les muscs de la Chine et les parfums de l'Arabie manqueraient, que nos fleurs et les ressources de l'industrie française pourraient remplacer aujourd'hui tous les aromes perdus. Nous pouvons donc, sans craindre de créer à l'industrie de notre pays des rivaux redoutables ou une concurrence nuisible, chercher à inspirer à un peuple ami et sympathique le goût de cultures qui peuvent devenir pour lui une source de fortune et des plus charmantes jouissances.

Le goût ou plutôt le besoin des parfums, inné chez tous les hommes, augmente d'ailleurs avec l'aisance chez les individus, avec les progrès de la civilisation chez les nations. Leur production, toujours forcément restreinte comme toutes celles des industries destinées uniquement à satisfaire le luxe, est loin de répondre à tous les besoins de la consommation. Plus la parfumerie multipliera ses cultures et ses fabriques, plus le goût public se développera pour ses produits en trouvant une plus grande facilité de se satisfaire. Loin d'être nuisible, la concurrence, obligée alors de baser sa spéculation et son succès sur la qualité des produits et ses moyens de fabrication ne pourra qu'exciter une émulation salutaire.

Le Portugal est le pays d'Europe qui me paraît dans les plus heureuses conditions pour trouver dans l'industrie de la parfumerie une source abondante de bien-être pour un grand nombre de ses habitants dont l'activité se perd inoccupée. De toutes les nations du midi de l'Europe, c'est celle qui se rattache à la France par les intérêts les plus réels et par les sympathies les plus vraies. Nos origines se mêlent : le sang gaulois coule dans les veines des deux peuples; les druides enseignèrent dans l'enceinte circulaire des *Antas* et des *Castros* portugais comme dans celle des *Cromlechs* bretons; la royale et auguste maison de Bragance qui, après avoir deux fois arraché le Portugal à la dépendance étrangère, le régénère dans la paix et dans la liberté, est issue d'Hugues-Capet et appartient aussi au sang de nos anciens rois (1), et si nous voulions pousser plus loin cette étude généalogique des races qui peuplent le Portugal, nous dirions que les colonies grecques en venant

(1) En s'adressant au roi de Portugal, Philippe-le-Bel lui dit : « *Vous qui êtes de notre lignage.* » Si pour les anciens écrivains portugais et pour Camoëns lui-même, l'origine du premier chef militaire du Portugal fut longtemps une question, elle ne saurait plus aujourd'hui être douteuse. Les travaux des généalogistes du XVIe siècle, l'opuscule de Pierre Chevalier publié en 1610 et le cartulaire longtemps ignoré de l'abbaye de Floirac, établissent de la manière la plus irréfragable que le comte Enrique ou Henri, qui, après avoir aidé « de sa forte lance » le roi de Castille à combattre les Maures, reçut en récompense la main de dona Thérésa ou Thérèse, fille d'Alphonse VI et de Chimène, et en apanage la *Comté* du Portugal, était le quatrième fils du duc Henri de Bourgogne, l'arrière-petit-fils de Robert, roi de France, et le descendant d'Hugues-Capet. Aussi l'influence sympathique des idées françaises sur le Portugal fut-elle grande et profonde dans les premiers siècles de sa monarchie; les croisades en multipliant les relations vinrent encore l'augmenter. Dinis, le meilleur, sinon le plus grand roi de Portugal, avait reçu d'un gentilhomme du Quercy, Eymeric d'Ebrard, une éducation toute française. — Pourquoi faut-il que l'ambition dynastique de Louis XIV d'abord et plus tard une politique et des événements également funestes aux deux peuples soient venus relâcher ces antiques et amicales liaisons. Aujourd'hui ces événements sont loin, mais ils ont permis à des relations jalouses et envahissantes de s'établir et d'exercer une influence que l'industrie française peut considérer comme regrettable, lorsqu'elle se présente sur les marchés portugais.

se fixer sur le sol de la Lithuanie, et plus tard l'invasion arabe ont encore contribué à donner aux descendants des anciens habitants les aptitudes artistiques et les goûts qui font aimer les parfums et qui conviennent à ceux qui les fabriquent.

Pour juger l'activité et le génie industriel de la nation portugaise, il faut remonter loin : aux rois Dinis et don Fernando et à l'infant don Enrique, l'illustre grand maître de l'ordre du Christ, à l'énergique et constante impulsion duquel le xve siècle doit la découverte des Açores, du Brésil, des côtes d'Afrique et la route des Indes par le Cap.

Le Portugal avait à peine terminé, par la conquête des Algarves, d'arracher son territoire des mains des Maures et de se soustraire à la suzeraineté castillane, lorsque Dinis, le roi laborieux « qui fit tout ce qu'il voulut faire, » dit encore le peuple qui a conservé le pieux souvenir de ce père de la patrie, montra combien il y avait peu à faire pour rendre par l'agriculture ce délicieux pays un des plus riches du monde. Admirablement secondé par la reine sainte Elisabeth de Portugal. il sut, par des combinaisons heureuses et une suite d'efforts bien entendus, faire prendre à l'agriculture un accroissement vraiment prodigieux. Les défrichements, la grande culture, la plantation des forêts de pins destinés d'abord à maintenir le sable qui envahissait le sol si fertile de *Beira*, l'établissement de villages soumis à un système d'économie rurale spécial, la création par la reine d'un pieux établissement destiné à recevoir de jeunes orphelins appartenant à la classe des agriculteurs et à élever les filles de laboureurs honorables qu'elle mariait, leur éducation terminée, à des cultivateurs, en les dotant de terres prises sur son apanage personnel qu'elle peuplait ainsi de colonies agricoles, furent les plus marquantes de ces mesures. Les grands, tous les corps de l'Etat, entraînés par l'exemple royal et la volonté souveraine, contribuaient à l'euvi à activer la mise en culture des terres par des sacrifices pécuniaires.

Les provinces, jusqu'alors désertes, se peuplèrent de nombreux habitants, et il y eut, sous le règne de don Fernando, une telle abondance de froment et de produits agricoles que les autres nations européennes pouvaient s'approvisionner de grains dans un pays où l'exportation des céréales est devenue impossible. Ses huiles, aujourd'hui si mauvaises, étaient alors recherchées : la

Castille, Léon, la Galicie, la Flandre, l'Allemagne venaient se fournir d'huile d'olive à Lisbonne; celle du Coïmbre était la plus renommée.

De sages ordonnances réglèrent sous don Fernando les relations commerciales du pays avec la Flandre, l'Angleterre et la France, en laissant aux transactions autant de liberté que le comportait l'organisation féodale de l'époque. La marine, cette source réelle de la puissance portugaise, subit sous son impulsion de grandes améliorations; il établit des chantiers de constructions d'où devaient sortir deux siècles plus tard ces rapides caravelles qui donnèrent au Portugal l'empire de la mer. Les magnifiques forêts plantées par Dinis et qui couvrent encore les bords du Tage commençaient à réaliser pour les constructions navales les prévisions de ce roi prudent. Fernando permit à la marine d'y puiser gratuitement des matériaux : de grands vaisseaux furent construits avec art, rien ne fut négligé de ce qui pouvait favoriser la production intérieure, le commerce extérieur et la navigation au long cours. Les ordonnances rendues par don Fernando pour le maintien de la prospérité agricole sont remarquables par leur sagesse. Elles prescrivent la nature et l'époque des semences et condamnent au fouet et à l'exil les paresseux « faux serviteurs du roi, » et les ermites et religieux trop multipliés au XVe siècle. Ces ordonnances pourraient servir presque de modèle aux instructions publiées, et aux mesures prises par les gouvernements actuels dans le même but.

Jusqu'au XVe siècle, les rapports des Européens avec les autres contrées du globe étaient fort restreints ; le monde connu était encore limité aux connaissances géographiques des anciens. Les Portugais, bravant les premiers les terreurs superstitieuses alors toutes puissantes et les affirmations de l'ignorance, allaient se lancer dans les voyages de découvertes et à la recherche du pays du prêtre Jean, dont l'existence légendaire fut la sainte Graal des navigateurs du moyen âge.

Alors régnait cette lignée de Joam Ier, si grand par lui-même, qui, suivant l'expression d'un auteur, fut une armée de héros. L'infant don Pedro avait recueilli dans ses voyages, restés eux aussi dans la tradition légendaire, des renseignements précieux et les récits de Marco Paolo ; il les transmit à son frère, l'infant don Enrique, qui du palais de Rayres où il avait établi son institution nautique, dirigeait les hardis explorateurs auxquels il savait communiquer son noble enthousiasme. Les Canaries, Madère, les Açores, les îles du Cap-Vert, sont successivement découvertes; le cap Bajador, puis le cap des Tempêtes, devenu le cap de Bonne-Espérance, lorsqu'on reconnaît qu'il marque la route des Indes, sont doublés. Vasco de Gama arrive à Calicut après avoir visité Mozambique, Mombossu et Mélinde; l'île de Ceylan, Sumatra, sont successivement visitées et conquises. En 1517, les flottes portugaises arrivent enfin devant Canton et découvrent le Japon.

Les caravelles portugaises naviguent alors sur toutes les côtes des contrées qui fournissent les parfums et les épices depuis le golfe Arabique jusqu'à la mer Jaune. — Venise cesse d'être la métropole du commerce; les marchandises des Asiatiques changent de cours et n'affluèrent plus dans l'Adriatique. Les autres peuples de l'Europe commencent à devenir commerçants; ils vont chercher à Lisbonne approvisionnée directement par les Indes, les pierreries, les perles orientales les plus parfaites, les parfums les plus exquis, les épices les plus précieuses, les drogues les plus salutaires; le Portugal fournissait en outre les bois et les baumes du Brésil, les sucres de l'île Saint-Thomas et les vins de Madère; et de ses propres champs, les vins, les huiles, les orseilles et les fruits secs ou confits mis en conserves dont il tirait un immense profit.

Lisbonne, à l'exemple des villes d'Orient et des cités féodales du moyen âge, avait une rue affectée à chaque corps de métier, à chaque espèce de marchandise; mais la rue Neuve était occupée par une infinité de boutiques pleines de marchandises à l'usage d'une population noble et riche, ce qui lui donnait la vie, l'aspect, le mouvement des rues de nos grandes cités modernes. « Parmi elles, dit la relation des ambassadeurs, vénitiens qui visitèrent Lisbonne sous Joao III,— on en voit cinq ou six qui vendent des objets provenant des Indes, tels que porcelaines très-fines de diverses espèces, coquillages, cocos travaillés de diverses manières, coffrets garnis de nacre de perle, parfums et autres objets semblables..... Près de la rue Neuve, on remarque beaucoup d'autres rues, chacune desquelles a ses boutiques consacrées à un seul genre de marchandises; dans celle des orfèvres travaillant l'or, il y avait beaucoup de vendeurs de parfums alors mal fournis. » L'auteur de la relation, comparant le commerce du Portugal à celui de Venise, est obligé d'avouer que les marchandises qui arrivaient des Indes par la voie d'Égypte ne s'élevaient pas à la millième partie de ce qu'apportaient les flottes portugaises.

Après les orfèvres dont on comptait 458 en 1551, suivant la statistique qui fut dressée par ordre de l'archevêque et que nous a conservée le livre de Rodrigue de Oliveira, les vendeurs d'épices ou de parfums étaient les gens d'état les plus nombreux. Quatorze sur les trente maisons de gros qui achetaient par association faisaient le commerce des parfums. Un inventaire de l'époque, conservé à la bibliothèque Sainte-Geneviève, énumère longuement les immenses richesses qui s'accumulaient dans les boutiques de parfumeurs portugais et le prix de chaque substance. Presque toutes les matières premières qu'emploie aujourd'hui l'industrie de la parfumerie s'y trouvent portées. Le musc, l'ambre, le benjoin, l'aloès et le sandal, les essences de roses de Delhi et de Singapour, les baumes, la myrrhe, l'encens, le mastic, le galbanum, la cannelle, le gingembre, le girofle, le storax calamite, le vétiver, la civette, et une longue nomenclature de plantes aromatiques, les résines, les gommes, etc. Le storax valait 24 sous la livre, l'encens 6 sous, la gomme arabique 4 sous, l'aloès 20 sous, la myrrhe 8 sous, le bois de sandal 24 sous, le galbanum, 11 sous, etc.

C'est de cette époque que date cette profusion de parfums et d'épices qui entrèrent dans les habitudes des classes riches de la renaissance et les progrès si rapides que fit l'art du parfumeur. Les parfums étaient alors également employés et pour la confection des cosmétiques et pour la confection des confitures et des pâtisseries; les Portugais étaient fort habiles dans l'un et dans l'autre de ces deux arts qui, frivoles en apparence, entrent cependant pour des sommes énormes dans la production des peuples et contribuent puissamment au bien-être général, en ne paraissant se préoccuper que de satisfaire les luxueuses fantaisies d'un petit nombre. A Lisbonne, une rue entière était occupée par des boutiques remplies de confitures à l'ambre, au benjoin, à la vanille, aux essences de roses, de fruits secs aromatisés, de desserts élégamment disposés dont on fait, disent les ambassadeurs vénitiens, un grand trafic et qu'on expédie en diverses parties du monde.

La manipulation des parfums destinés à la toilette occupait un assez grand nombre d'individus. Après avoir appartenu aux Romains, le Portugal avait passé plusieurs siècles sous la domination arabe et l'usage que les Romaines et les Morisques faisaient de la cosmétique s'était naturellement transmis aux dames portugaises. Les ambassadeurs vénitiens, auxquels nous empruntons beaucoup parce qu'ils furent des témoins oculaires et que leur relation exacte et curieuse, comme toutes celles que ces espions diplomatiques adressaient au Conseil des Dix, présente le tableau le plus vivant du Portugal au XVIe siècle. Ils disent en parlant des dames de Lisbonne : « Les femmes portugaises sont remarquables par leur beauté et par l'élégance de leurs proportions ; leurs cheveux sont naturellement noirs, mais quelques-unes les teignent en blond ; leur maintien est agréable, leurs traits gracieux ; elles ont les yeux noirs et scintillants, ce qui accroît leur beauté, et nous pouvons affirmer en toute sincérité que durant tout notre voyage dans la

Péninsule, les femmes qui nous ont semblé les plus belles sont celles de Lisbonne; elles agrandissent la ligne de leurs paupières en les teignant en noir, mais elles n'ont pas l'habitude de couvrir leur visage et de cacher leur teint sous une couche épaisse de fard, comme les dames espagnoles.

Parmi la nomenclature des individus occupés à la fabrication des parfums, nous trouvons dans la statistique des Offices mécaniques en 1551, que huit femmes étaient occupées à parfumer les gants et douze autres fabriquaient uniquement des cosmétiques. Or, les gants parfumés ne furent connus en France que sous Henri III, dont le parfumeur était d'origine portugaise. Cette curieuse nomenclature contient, sur des professions qui touchent d'une manière directe à l'industrie qui nous occupe et qu'on ne soupçonnerait pas devoir exister à Lisbonne au XVIe siècle, des détails que nous regrettons de ne pouvoir faire entrer dans le cadre restreint de ce mémoire : 6 coiffeurs s'occupaient uniquement de la coiffure des femmes, et ils étaient guidés et secondés par 6 maîtres d'atours; la barbe et la taille des cheveux du vulgaire étaient livrés à 190 barbiers.

Des barbiers maniant rasoir et lancette, rien de plus naturel en 1551, mais des coiffeurs! qui ne s'installèrent en France que sous Louis XV; mais surtout des maîtres d'atours! profession si indispensable que, rien qu'à la dénommer, on voit combien elle manque aux gloires industrielles du XVIe siècle; il y a certes là de quoi s'émerveiller. Une renommée et une fortune à acquérir attendent le premier qui, ouvrant de splendides et coquets salons entre le passage Jouffroy et la Madeleine, y réunira tout ce qui constitue l'art de la toilette et prendra ce titre si haut sonnant de maître d'atours.

Le XVe et le XVIe siècles furent l'apogée de la fortune portugaise, et nous avons cru devoir le rappeler, d'abord pour prouver combien le peuple est apte à entrer dans la lutte industrielle dont la civilisation moderne ouvre la carrière aux nations; puis pour montrer quelle influence directe ses découvertes et son commerce avaient eue sur le développement de l'industrie de la parfumerie en particulier, combien il avait aidé au progrès d'un art qui peut contribuer aujourd'hui puissamment à le rendre prospère. Depuis cette époque glorieuse le Portugal a sans doute bien perdu de ses splendeurs. La bataille d'Alcazarquibir, que la chevaleresque imprudence de don Sébastien rendit si désastreuse, le livre à la farouche tyrannie de Philippe II, et, lorsque la maison de Bragance l'arrache au joug espagnol, il a à peine le temps de recouvrer le Brésil sur la Hollande, que la lutte pour la succession d'Espagne le met en guerre contre la France. Le tremblement de terre de Lisbonne, la protection britannique, à notre avis plus désastreuse pour la nation qui l'obtient qu'une guerre ouverte, la peste, les événements de la révolution française, l'émancipation du Brésil, la guerre civile et l'émigration qui en a été la suite, le choléra se sont succédé assez rapidement pour expliquer, avec le renversement des fortunes et d'autres circonstances funestes, pourquoi, malgré les efforts persévérants d'un gouvernement patriotique, ami du progrès et éminemment éclairé, l'agriculture, l'industrie et le commerce sont si languissants.

Sous le ministère du marquis de Pombal, des usines s'étaient établies; il existait des manufactures fort importantes; presque toutes appartenaient à des Français, mais n'en faisaient pas moins la richesse des contrées où elles se trouvaient et donnaient l'exemple et l'impulsion au génie industriel du pays. Lors des événements de 1808 les Anglais y mirent le feu.

Aussitôt que la reine dona Maria eut rendu la paix et l'indépendance à la nation, son premier soin fut de chercher à rétablir la prospérité matérielle, sans laquelle toute puissance politique est impossible. Quoique si cruellement frappée par la mort ses successeurs ont énergiquement suivi la voie tracée par dona Maria et par la régence du royal époux. Le peu de temps que chacun de ces princes, si vite moissonnés, a passé sur le trône, où il apportait tant d'espérances, a été marqué par quelque mesure remarquable, et Sa Majesté très-fidèle don Louis a donné assez de preuves des sentiments et de l'esprit élevé qui l'animent, pour être certain que l'heure d'une prospérité nouvelle a sonné pour ce pays privilégié qui, à une admirable fertilité du sol, joint des richesses minières inépuisables, et la position géographique la plus heureuse sous le rapport commercial.

Déjà les deux grands obstacles, que des lois surannées mettaient à son développement industriel, ont disparu : le monopole et le fermage sont détruits; la réforme du tarif douanier est accomplie; le principe du libre échange et de la libre concurrence est admis. Ces mesures intéressent de la manière la plus directe l'industrie qui nous occupe. Le tarif des douanes portugais datait de 1827 lorsqu'il reçut un premier remaniement partiel en 1841; les droits qu'il contenait alors étaient presque les mêmes que ceux qui existaient sous le règne de Joseph-Emmanuel lorsque, pour reconstruire Lisbonne, détruite par le tremblement de terre de 1755, le marquis de Pombal avait frappé d'un droit de 4 1/2 pour 100 toutes les marchandises de provenance étrangère déjà si fortement grevées. En 1852 un remaniement plus profond s'opéra; un décret de 1854 marqua encore un pas de plus dans la voie de dégrèvement et de la liberté; en 1857 le monopole du savon fut aboli et le droit d'entrée applicable aux savons étrangers fut fixé. En 1858 un remaniement plus étendu fut encore décrété. Convertis en lois, le 20 août 1860, ces nouveaux règlements furent encore modifiés par une nouvelle loi du 14 février 1861. Une grande simplification était apportée dans la classification des marchandises et la perception des droits, et le principe de libre échange admis comme règle de l'avenir par l'esprit du législateur.

On ne doit toucher qu'avec la plus grande prudence aux lois qui protégent les intérêts généraux et les fortunes particulières d'un peuple. Une révolution peut brusquement les détruire et les remplacer par des principes opposés, un gouvernement ne peut agir qu'avec une circonspection qui n'est que sagesse alors même qu'elle paraît exagérée. C'est ce qui explique les nombreux décrets, les échelons par lesquels le Portugal est arrivé à la loi libérale de 1861 qui n'est elle-même que le prélude de mesures plus radicales. Les mêmes lenteurs durent être apportées dans la destruction des monopoles. Trois existaient en 1858 ; celui des tabacs, celui de la poudre et celui du savon.

La fabrication du savon nous intéresse seule ; elle forme aujourd'hui une des principales branches de la parfumerie. En 1834, suivant les vieux errements, la ferme de la fabrication et de la vente du savon fut concédée pour douze ans à une compagnie ; en 1846 le bail fut renouvelé pour douze autres années jusqu'en 1858. La vente du savon était interdite dans tout le Portugal et dans ses possessions maritimes par d'autres agents que par ceux de la compagnie, qui eut ses inspecteurs, ses juges spéciaux, et délivra des primes de dénonciation contre la contrebande. Tout individu convaincu de fraude était puni d'une amende qui ne pouvait pas être moindre de 600 l. et d'un an de prison pour les riches; le pauvre qui ne pouvait supporter l'amende était envoyé pour trois ou six ans aux galères dans les présides d'Afrique : législation monstrueuse qui rappelle celle de l'ancien régime, lorsque les galères et la peine de mort punissaient seules le malheureux qui, poussé par le besoin, fraudait de quelques deniers les droits des fermiers de la gabelle.

Sous le régime du monopole, l'introduction des savons étrangers était naturellement interdite. La ferme possédait une seule fabrique à Maravilla; le prix du savon était fixé à 1 fr. 20 c. sur le continent et 1 fr. 32 c. dans les îles; il était mal fabriqué, de qualité inférieure. Les savonnettes et les savons parfumés qu'elle fabriquait étaient si mauvais que l'étranger fournissait toutes les classes riches, malgré les droits énormes qui grevaient ces articles et les peines rigoureuses qui frappaient la contrebande.

Un savant illustre, M. Liebig, a dit avec quelque raison, qu'on pouvait presque juger de l'état de la civilisation et de la richesse d'un peuple d'après la quantité de savon qu'il usait. Jusqu'en 1858, on peut le dire, le savon fut en Portugal presque un produit de luxe dont la cherté interdisait l'usage aux classes pauvres, pour lesquelles la propreté est la véritable hygiène, surtout dans les climats méridionaux. Tels étaient les effets du monopole dans un pays où abondent les matières premières de fabrication les meilleures, et qui loin d'avoir à recourir à l'étranger, pourra faire de ses savons un article important d'exportation, lorsque l'activité individuelle se sera librement emparée de cette industrie.

Depuis l'abolition de ce monopole, on a pu déjà apprécier les bienfaits de la liberté. Un Français a établi une savonnerie à Seixal pour une exploitation qui acquiert le plus grand développement. Elle a pour but l'extraction des corps gras restant dans les résidus d'olives qui ont servi à la fabrication des huiles. Jusqu'à présent ces résidus étaient sans emploi. Cet établissement doit donner des résultats rapides, ses produits trouvant un placement aussi assuré qu'avantageux.

La plupart des produits de la parfumerie étaient, comme les savons, frappés d'interdiction ou grevés de droits qui faisaient plus que d'en doubler le prix ; cependant comme pour les articles qui répondent aux goûts des classes élevées le prix est une chose accessoire, Paris, qui avait le monopole des modes avec le Portugal, lui fournissait tous les ans une quantité notable de parfums. En 1857, le tableau officiel du commerce porte à l'actif de parfumerie 11,200 kilogrammes à la destination du Portugal et de ses possessions.

On a pu juger par les dernières expositions universelles que l'industrie de la parfumerie dans le Portugal était peu développée, et, qu'à moins de progrès rapides, la France et surtout l'Angleterre seraient encore longtemps appelées à fournir à sa consommation. Cependant, quoi qu'il ait perdu le privilége d'approvisionner l'Europe des épices et des parfums des Indes, le Portugal possède dans le sol de la mère-patrie et dans ses établissements coloniaux tous les éléments qui doivent le mettre à même de lutter avec avantage pour ces produits sur tous les marchés avec les nations les plus privilégiées.

Le Portugal, placé dans la même zone que les parties de l'Asie-Mineure, de la Chine et du Japon les plus remarquables par leurs productions végétales, forme un parallélogramme d'environ 22,000 kilomèt. carrés. La température moyenne peut être fixée à 16 degrés; c'est à peu près celle des régions printanières du globe. Manoël se sentait attendri jusqu'aux larmes en entendant une chanson populaire qui parle de son doux climat. Sa surface généralement montagneuse, coupée d'innombrables et délicieuses vallées se déroule parfois en admirables plaines comme dans la province de l'Alem-Téjo qu'on a surnommée le grenier du Portugal et qui produit d'excellents vins conservés comme l'antique cécube dans des amphores en terre vernissée. Le sol va se courbant vers la mer; il est arrosé par de nombreux cours d'eau qui déjà du temps de Strabon avaient valu à la Lusitanie le surnom de Terre heureuse. Treize grands fleuves forment l'élément principal d'un admirable système d'irrigation naturelle; après avoir reçu dans leur parcours un nombre infini d'affluents, ils deviennent pour la plupart navigables. Le Tage, le plus renommé d'entre eux, est un des plus beaux fleuves de l'Europe ; il a, comme le Gange, une réputation presque mythologique. Les poëtes aiment à chanter ses bords que couvrent de magnifiques forêts plantées la plupart par le roi Dinis. Il se jette à la mer par une embouchure de près de deux lieues d'étendue après avoir répandu la fertilité dans trois provinces. Le Douro doit son nom aux paillettes d'or que roulent ses flots ; mais les véritables trésors que renferment ses ondes, ce sont les principes fécondants qu'il dépose dans les terres qu'il parcourt. 25,000 sources arrosent la province Entre-Minho-et-Douro, la plus petite, la moins fertile, mais la mieux cultivée et la plus peuplée du royaume. C'est peut-être la seule où les habitants sachent mettre quelque activité dans leurs travaux agricoles; la viticulture les occupe presque exclusivement. Le pays Entre-Minho-et-Douro produit ce fameux vin de Porto renommé dans le monde entier.

Balbi avait fait remarquer que si tout le Portugal était aussi peuplé, ce pays compterait dix millions d'habitants. Ces calculs seraient aujourd'hui encore vrais. Du reste, la population d'une contrée n'est jamais proportionnée à son étendue, mais à l'activité et à l'aisance de ses habitants. Peu de générations suffiront pour quadrupler la population portugaise du jour où ce pays sera résolûment entré dans la période d'activité industrielle qui donnera le bien-être aux basses classes. Nul canton au monde n'est plus favorable que la province qui nous occupe à la culture des fleurs et des plantes aromatiques. Défendue vers l'est, par les montagnes, des influences d'un climat ardent, elle est rafraîchie dans les autres directions par les vents qui soufflent de la mer, et c'est incontestablement à cette douce température aussi bien qu'à l'abondance de ses eaux, qu'elle doit sa prodigieuse population. La ville de Porto s'élève en immense amphithéâtre sur deux collines, prolonge ses faubourgs jusque dans les vallées qui s'ouvrent dans ces montagnes et y abrite ses maisons de campagne sous les *paumos* ou bosquets d'orangers séculaires. Le tiers à peu près des articles d'importation d'origine française lui sont destinés; deux magasins y tiennent spécialement des parfumeries parisiennes.

Jouissant d'une prodigieuse fertilité, les autres provinces du Portugal ne réunissent pas d'une manière moins heureuse toutes les conditions favorables aux cultures florales. Leurs productions naturelles, l'huile qui coule partout à flots, les vins si abondants et dont la renommée le dispute à ceux de France ; les fruits, les amandes, les caroubes, les kermès et surtout les orangers qui répandent partout dans l'air leurs enivrantes effluves, montrent combien peu les habitants auraient à faire pour ajouter à leurs produits ordinaires la plupart des plantes qu'emploie l'industrie de la parfumerie. Nulle part le miel n'est plus pur, plus abondant, plus parfumé ; la mélisse aimée des abeilles y croît partout; elles butinent sur les mêmes fleurs qui faisaient la renommée du miel du mont Hymète. La flore portugaise contient à peu près toutes les fleurs et les plantes cultivées en Provence et en Algérie ; celles qui n'y croissent pas naturellement s'y acclimateraient de la manière la plus facile.

L'oranger doux et l'oranger bigarade y sont fort abondants dans toutes les parties du royaume. Les oranges et les citrons sont un des plus grands objets d'exportation du Portugal; l'Angleterre reçoit tous les ans plus de vingt millions de ces fruits; c'est de là que nous viennent ces odorantes mandarines qu'on aime autant à déguster pour la suavité de l'arome que pour la délicatesse de la chair. L'écorce des oranges douces donne le parfum si connu sous le nom de Portugal. Mais c'est surtout l'oranger bigarade que la parfumerie sait utiliser. Elle en emploie la feuille, la fleur et le fruit. C'est l'espèce la plus reproductive et la plus répandue.

La fleur de l'oranger, plus belle et plus odorante en Portugal qu'en aucun autre pays, donne à la distillation une essence fort recherchée, très-employée dans la composition des parfums, et une de leurs odeurs basiques; on la nomme *néroli*. Le prix moyen en est de trois à quatre cents francs le kilogramme. L'hydrolat produit par la distillation et sur lequel on recueille le néroli est un des meilleurs cordiaux employés par la médecine; il s'en fait un très-grand usage. Par la macération, la fleur donne encore une huile et une pommade.

L'écorce ou zeste frais des fruits donne aussi une huile différente du néroli, et qu'on appelle essence d'oranges. Elle est aussi fort employée surtout dans la fabrication de l'eau de Cologne. On la fabrique de différentes manières, soit par la distillation, soit par la macération dans l'alcool, soit par la pression de l'épiderme du zeste qu'on sépare avec soin de sa partie pulpeuse. L'essence obtenue par cette dernière méthode est la plus estimée, la distillation en donne avec plus d'abondance, mais moins suave. Dans certains pays on se borne à meurtrir l'écorce et à recueillir avec une éponge l'huile essentielle qui en découle.

Les feuilles et les fruits tombés de l'arbre étant tout petits, sont aussi soumis à la distillation, et on en tire une huile essentielle estimée qu'on nomme petit-grain ou orangette, du nom des fruits employés. Elle vaut 150 francs le kilogramme.

L'oranger doux donne des parfums moins suaves que la bigarade. Cela explique la renommée de l'eau de fleurs d'oranger et de néroli de Paris, toujours préparée avec des fleurs de bigaradier.

Le cédrat et la bergamotte sont deux variétés de l'oranger qui donnent aussi des essences par les mêmes procédés. Mais celles produites par le citron sont plus importantes et caractérisent une odeur basique très-agréable; c'est le zeste du fruit qui la fournit. En Sicile sa fabrication est une industrie importante : de la pulpe du fruit on obtient un produit très-recherché dans le commerce, l'acide citrique. On exprime le jus du citron dépouillé de l'écorce qui a fourni l'essence, à l'aide d'une presse et on le traite à chaud par la craie très-pure. On obtient ainsi du citrate calcaire qu'on traite à son tour par l'acide sulfurique; il se forme alors du sulfate de chaux et l'acide citrique, resté libre, cristallise après qu'il a été séparé par des lavages et l'évaporation des substances étrangères qu'il contenait. C'est un produit accessoire en parfumerie, mais qui peut prendre en Portugal la même importance qu'il a en Sicile, en Algérie et dans les environs de Gênes.

Le jasmin à fleurs jaunes croît spontanément partout en Portugal. Le climat se prêterait admirablement à la culture du jasmin à grandes fleurs blanches pourprées en dehors ou jasmin d'Espagne originaire des Indes et porté en Europe par les navigateurs portugais. Il est bien plus odorant que le jaune, c'est celui que cultivent les parfumeurs de Grasse; il se plaît à toutes les expositions méridionales bien abritées des vents froids. On le multiplie au moyen de la greffe sur le jasmin commun qu'on obtient par marcottes ou boutures. La récolte des fleurs commence la première année de la greffe en septembre et peut avoir lieu en Portugal jusqu'à la fin de novembre. Les terrains riches substantiels susceptibles d'être arrosés lui conviennent. Le produit est d'environ 6,640 kilogrammes de fleurs par hectare qui, à raison de 2 fr. 25 c. le kilogramme donnent un produit brut de 14,740 francs. L'essence de jasmin est un des parfums les plus prisés des Orientaux, et des plus difficiles à obtenir par la distillation; elle vaut 800 francs l'once et a toujours une odeur empyreumatique. On s'empare ordinairement de son parfum par la méthode d'enfleurage.

On trouve dans les jardins du Portugal les trois espèces de roses odorantes cultivées par les Maures, toutes trois légèrement musquées. Elles y furent sans doute acclimatées lors de l'occupation musulmane comme un souvenir de la patrie. Celle que les Orientaux estiment autant que le jasmin s'y rencontre encore, double ou simple, dans les haies et dans quelques jardins où ses jets vigoureux forment des massifs énormes. L'odeur du *néçéri* double, moins musquée que celle du *néçéri* simple est délicieuse. La rose musquée ou rose de Tunis, la plus estimée comme culture, n'est pas remontante, elle est peu riche en pétales, ne se reproduit pas avec une aussi grande facilité que d'autres espèces; son brillant coloris du rose le plus pur et la perfection de son parfum feraient désirer aux cultivateurs qu'elle fût plus productive. La rose à cent feuilles, la rose de Naples, la rose de Bengale, la rose thé sont les plus recherchées dans les parfumeries provençales, elles croissent toutes admirablement en Portugal.

Les roses de Delhi et de Gazipour sont les plus anciennement renommées. On obtient l'essence par distillation; elle surnage sur l'eau de roses comme le néroli sur l'eau de fleurs d'oranger. C'est le fameux *attar* des Indiens. Quoique moins chère aujourd'hui, l'essence de roses n'en est pas moins un produit très-précieux et restera toujours un des parfums les plus estimés.

Le cassie de Farnèse ou casse du levant, connue par les Portugais sous le nom de *mimosa*, existe dans presque tous les jardins à côté de l'oranger. Sa fleur ne perd pas son odeur en desséchant. On s'en sert pour parfumer le linge et les vêtements. C'est une des cultures dont les parfumeurs de Grasse savent tirer le meilleur parti; ils la multiplient au printemps au moyen de semences dans des terrains micachisteux, secs et abrités comme on en trouve beaucoup dans l'Alem-Téjo. Replantées à demeure au bout d'une année, elles subissent au mois de mars une taille convenable et donnent une récolte la même année; mais les plantes n'atteignent que vers la quatrième année leur produit moyen qui est d'un kilo par pied de cassie. Le prix des fleurs fraîches est de 5 francs le kilo. Un hectare pouvant recevoir 5,000 pieds de cassie, son produit brut est de 25,000 francs. La durée de la plantation est très-longue, ces arbrisseaux sont encore très-vigoureux à 50 ans. La récolte des fleurs commence en septembre et dure deux mois. Elle donne toujours un parfum suave, mais différent pour un organe exercé, suivant que la fleur est cueillie le matin, le soir ou au milieu du jour. Elle ne supporte pas la distillation, on la traite par l'enfleurage. Sa production actuelle est insuffisante; une culture plus abondante trouverait un écoulement facile.

L'héliotrope croît spontanément dans les terrains sablonneux de Beira; la variété dite du Pérou à odeur vanillée dont la parfumerie fait diverses préparations et qui donne pendant presque toute l'année dans les climats chauds des fleurs nombreuses, serait cultivée avec succès dans presque toutes les parties du Portugal. La violette, amie de l'ombre, se cache sous tous les arbustes qui croissent dans les vallées grasses et fertiles du Portugal, et a, dans les cultures, sa place marquée au pied des orangers comme en Provence. Elle deviendrait dans les *paumas* un produit presque égal à celui des fleurs de bigaradier. La variété double, si recherchée sous le nom de violette de Parme, y acquerrait ses senteurs les plus suaves.

Un autre arbrisseau, le mastic (*Almacéda*), s'y trouve fréquemment, et par quelques soins deviendrait aussi productif qu'à Chio. On sait que la parfumerie, la thérapeutique et les arts font un égal usage de ses larmes précieuses, surtout dans les contrées où, suivant l'exemple de l'homme les femmes, sans être arrêtées par la crainte d'altérer la suave pureté de leur haleine, ne dédaignent pas de faire voltiger la fumée bleue de la cigarette sur le corail de leurs lèvres.

L'ambrette (able mosch ou bonnia muscata), fut apportée des Indes au XVIe siècle par les Portugais, et depuis elle figure avec honneur dans la parfumerie. Son fruit, semblable à une lentille répand, quand on le casse ou qu'on le frotte, une odeur ambrée musquée fort agréable, due à une huile essentielle qu'on lui enlève par la pression ou la distillation. Quelques plants en ont été acclimatés dans les jardins de Porto : on pourrait facilement en développer la culture.

Quant à l'œillet, les touffes de l'espèce la plus utilisée, la *mignonnette*, s'épanouissent sur toutes les collines. L'œillet ne livre bien son parfum que si on le récolte deux ou trois heures après qu'il a reçu une forte insolation.

La clématite croit spontanément dans tous les buissons du Portugal et peut donner un extrait fort abondant.

Le réséda s'y trouve dans tous les terrains calcaires, et n'a besoin que d'être cultivé pour devenir aussi odorant que celui qui compose nos bouquets. Les lis (lirio-bianco) croissent aussi magnifiques dans les gras et frais vallons du

Portugal, que dans les vallées de la Palestine. Outre leur parfum, la fleur et la bulbe donnent une huile essentielle dont on se sert dans certaines préparations cosmétiques et dont la pharmacie fait aussi usage.

Le muguet (lyræ de las valles) exhale son parfum plus suave et aussi pénétrant que celui du lis, à l'ombre des bois dont sont couverts les bords du Tage. Il se cultive facilement, donne son odeur aux pommades, forme des bouquets et sert à composer l'hydrolat que les Allemands appellent Eau-d'Or.

La tubéreuse et la jacinthe acclimatées depuis longtemps pourraient passer facilement à l'état de cultures industrielles. Quant à la jonquille et à la narcisse, la première croît spontanément au bord de tous les ruisseaux et la seconde émaille au printemps les riches prairies de l'Alcantara et l'Estramadure.

L'iris (irio) couvre les plaines de l'Estramadure, et la variété dite de Florence y pousse instantanément. La consommation que fait la parfumerie depuis quelques années, de cette plante, a fait plus que doubler son prix. On a essayé de la cultiver dans le Var et l'Ain sans obtenir des résultats très-satisfaisants. Quelques rhizommes venus de l'Estramadure, nous font croire que ce serait pour cette province une culture facile et fructueuse. La racine de l'iris peut être facilement expédiée en nature. La pharmacie en fait des emplois spéciaux ; la parfumerie en prépare des poudres et en extrait une résinoïde composée d'éléments divers et contenant une huile essentielle à odeur douce et violacée qu'on parvient à isoler et qui est fort recherchée. La résinoïde débarrassée simplement de sa matière colorante forme ce qu'on appelle *lait d'iris*.

Parmi les plantes plus ordinairement classées sous la dénomination d'aromatiques, l'immense famille des labiées répand ses variétés infinies sur toute la surface du sol. Il n'est guère de plants plus fréquents en Portugal que la lavande (*alfazema*), et on sait quel grand emploi la parfumerie et plusieurs autres industries font des essences qu'elle donne à la distillation.

Les trois espèces qui sont les plus propres à la parfumerie, la lavande des Alpes, la lavande d'Hyères et l'aspic (*romasrinho*), y croissent indifféremment, mais la dernière espèce surtout y abonde au midi du Tage, sans qu'on en fasse d'autre usage que d'en joncher le sol des églises et des maisons ou de la brûler dans les brazeros pour imprégner les appartements de ses fumigations aromatiques. La distillation de l'aspic constitue seule à Cannes une industrie considérable et renommée. L'essence qu'elle produit, connue sous le nom d'*huile d'aspic*, devient tous les jours plus chère ; il serait désirable pour les industries qui l'emploient, que les paysans portugais ne laissassent plus sécher sur pied les innombrables plants qui croissent dans leurs champs et qui leur donneraient un produit d'un très-bon placement.

Quatre espèces principales de thym (tomaltho) se trouvent dans le Portugal et toutes quatre sont fort aromatiques, le thym vulgaire ou *farigoule*, le *thym capitali*, le *thym blanchâtre*, variété particulière aux Algarves et le *serpolet* qui couvre les montagnes. Le romarin (alecrim) y croît sans culture aux bords de la mer. La mélisse (karvea-cidreira) dont les feuilles donnent le précieux alcoolat des Carmes ; la verveine (verbane), la plante sacrée des Gaules y a une odeur d'une grande finesse ; la verge d'or, les véroniques s'y mêlent aux herbes des prairies.

Deux espèces principales de menthes, la tomerthelo (pœjo) et la menthe aux cerfs (ortela) bordent tous les cours d'eau et en particulier le Douro et le Tage. La menthe poivrée et une espèce à odeur musquée sont communes.

Les longs épis de l'*origan* ne servent qu'à parfumer le linge. On ne tire aucun parti de l'*aneth*, du *fenouil odorant*, de l'*armoise*, du *lumin*, de la *nigèle* et d'une foule d'autres plantes qui, récoltées en abondance et venant presque sans culture, donneraient cependant des essences ou d'autres produits fort bien vendus.

Toutes ces variétés de la famille des labiées sont assez abondantes dans les pays incultes de l'Espagne et du Portugal, pour qu'un industriel français ait songé à y créer un établissement dans le but d'extraire le camphre que ces plantes contiennent en quantité.

Plusieurs variétés de géraniums y croissent avec la même abondance. En Provence et dans les environs de Valence, on cultive le *géranium musqué* et le *géranium rosat*. L'essence de ce dernier est surtout estimée ; elle rappelle l'odeur de la rose et souvent se vend dans l'Orient pour l'essence de roses. C'est une culture productive.

Le rendement moyen d'un hectare planté de géranium est de 8 kilogrammes d'essence, le prix du kilo est d'environ 100 francs.

Le myrte, cher à Vénus, qui donne à la parfumerie ces délicieux aromes et le cosmétique si vanté sous le nom d'*Eau d'Ange*, est l'un des plus charmants arbustes qui fleurissent spontanément dans l'Estramadure et les Algarves.

Dans cette courte nomenclature, nous n'avons voulu mentionner que les principales plantes cultivées pour l'industrie de la parfumerie, celles surtout qui, croissant naturellement sur le sol du Portugal, répondraient par le succès le plus certain à toutes les tentatives de culture. C'est là une source facile de fortune que pourrait exploiter la moindre activité intelligente et que l'inertie la plus insoucieuse laisse perdre. La culture des céréales sera toujours la plus improductive, même pour les provinces fertiles. Il faut que les cultivateurs sachent y joindre celle des plantes industrielles et, parmi celles-ci, la culture des fleurs et des plantes aromatiques est des plus faciles et des plus fructueuses. Elle exige moins de dépenses, moins de fatigues que la plupart des opérations d'une exploitation agricole ; la plus grande et la plus agréable part de ses travaux, revient de droit aux femmes et aux enfants presque toujours inoccupés et que leur goût naturel porte vers les fleurs et les parfums. Aussi dès que l'exemple de cultures florales est donné dans une contrée, l'habitude s'en répand vite, les arbustes et les plantes fleuries entourent bientôt toutes les demeures, les champs de roses, de jasmins, de cassie s'étendent au loin et les nombreux essaims d'abeilles butinant sur les thyms, les œillets et les mélisses le miel le plus pur et le plus odorant, donnent une première récolte qui ne nuit en rien à celle des parfums et qui ajoute ses doux rayons au salaire du cultivateur.

Un autre avantage de la culture des fleurs et des plantes aromatiques, c'est qu'elle n'empêche en rien les travaux de la grande agriculture, qu'elle ne lui enlève presque jamais ses terrains. Le Portugal ne cesserait pas, en s'y livrant, de cultiver ses vignes ; il tirerait meilleur profit de ses orangers et surtout de ses oliviers, et il verrait ses cultures maraîchères se développer par l'excellence des méthodes qu'une courte expérience lui aurait bientôt apprises. Dans les environs de Paris, en Angleterre, en Hollande et même en Provence, dans toutes les contrées occidentales et septentrionales de l'Europe, où l'horticulture a fait de si rapides et de si brillants progrès, la culture des fleurs présentait des difficultés immenses qu'il a fallu savoir vaincre. Sous le ciel bleu du Portugal, sur ce sol que le soleil caresse de ses rayons les plus doux et que mille cours d'eau rafraîchissent, les plantes les plus odoriférantes y croissent spontanément; l'homme n'a qu'à se baisser et à faire sa gerbe. Pourquoi l'ignorance ou la paresse l'enchaîneraient-elles dans une misère routinière.

On juge de l'aisance d'une population par le chiffre de sa consommation. Les ressources que présente l'alimentation à Lisbonne même sont parfois assez restreintes et il faudrait, pour trouver une ration moindre à celle qui y sert à la vie journalière des gens du peuple, aller prendre jusque dans la famélique Irlande des termes de comparaison. Si l'industrie savait y utiliser les plantes aromatiques qui couvrent le sol ne fût-ce que pour la fabrication des essences les plus grossières, le peuple des campagnes aurait trouvé une ressource précieuse, surtout depuis que les essences connues sous le nom « d'essences d'Amérique » sont devenues à la fois si chères et si indispensables à une foule d'industries. La culture florale eût fait plus facilement supporter les ravages de l'oïdium aux viticulteurs de l'Entre-Douro-et-Minho, en leur fournissant des récoltes accessoires, en attendant qu'ils aient vaincu le terrible fléau qui ruine leur fortune et ronge leurs vignes. Introduite dans la moindre habitation des champs, autant comme une récréation agricole que comme une spéculation, ce serait un ornement et une parure de fête à côté des privations de la vie rustique, et une satisfaction de luxe à la suite des labeurs de la terre, si ingrate dans les conditions actuelles. Puis, dans certaines conditions de famille et de fortune, elle deviendrait une culture essentielle et productive qui, pour l'importance générale, se placerait bientôt immédiatement après celle des vignes, des céréales et des huiles, elle deviendrait l'égale de celle des fruits et serait au-dessus de l'éducation des abeilles.

L'industrie de la parfumerie, quand elle se borne à la fabrication des matières premières des essences, des huiles, des pommades, etc., n'exige pas d'ailleurs un grand savoir ni l'emploi d'un matériel coûteux et compliqué. On peut réduire à quatre les méthodes employées pour dérober les parfums aux fleurs, et les trois premières, les seules à peu près employées, sont d'une simplicité vraiment primitive. La dernière, le procédé Millon, est plus scientifique, mais moins industrielle et ne donne pas, dans la pratique, des résultats assez satisfaisants pour qu'on la recommande, sauf pour le traitement de quelques substances.

La distillation est employée pour obtenir les huiles essentielles ou essences de toutes les plantes aromatiques et d'un petit nombre de fleurs, telles que celles de l'oranger, la rose, la cassie, etc. On se sert, pour cette opération, de l'alambic ordinaire, si l'on ne possède pas d'instruments plus perfectionnés. On met les fleurs ou les plantes dans le récipient avec de l'eau; on chauffe, et l'huile aromatique enlevée à la plante est entraînée par la vapeur du liquide. Lorsque le mélange est refroidi, l'huile essentielle vient surnager au-dessus de l'eau ou tombe au fond du vase, si sa pesanteur spécifique est plus grande . on la sépare aisément du liquide en la décantant, et on continue à distiller les fleurs ou les plantes avec la même eau, afin d'obtenir la plus grande concentration d'arome possible. Beaucoup de ces eaux mères, principalement l'eau de roses ou de fleurs d'oranger, trouvent facilement leur emploi dans l'industrie.

La seconde méthode consiste à faire infuser les fleurs dans un bain d'huile ou de graisse chauffé pendant un certain temps au bain-marie. Lorsque les fleurs ont abandonné toute leur odeur, on les remplace par des fleurs nouvelles, et on continue ainsi jusqu'à ce que l'huile ou la graisse soit complétement saturée. Pour opérer cette infusion on n'a besoin que d'un bain-marie ordinaire, d'un tamis et d'une presse sous laquelle on passe les fleurs épuisées et les graisses saturées en les enfermant dans des sacs de toile ou de crin. L'infusion se fait ordinairement dans la même graisse pendant toute la saison de la fleur dont on veut recueillir l'odeur, et chaque jour on met au bain les fleurs fraîchement récoltées.

L'absorption ou l'enfleurage s'emploie pour les fleurs délicates, telles que le jasmin ou la tubéreuse, dont l'arome se perdrait à la chaleur. On dispose dans un châssis des plaques en verre sur lesquelles on étend une légère couche de graisse bien purifiée, et sur cette couche on met une assise de fleurs. Tous les matins on change les fleurs épuisées par des fleurs nouvelles, et au bout de quelque temps la graisse est complétement imprégnée des effluves odorantes qui émanent des fleurs. Un procédé encore plus simple ou plus primitif est employé en Orient et en Espagne : on étend une couche de graisse dans l'intérieur de deux sébiles, on met ensuite le bouquet de fleurs dans l'une d'elles, et on la recouvre avec l'autre renversée, et on empile dans des armoires ces espèces de groupes ainsi formés.

Pour obtenir des huiles parfumées par le même procédé, on imbibe d'huile très-pure des pièces de coton ou de laine, on les pose entre deux couches de fleurs, et lorsqu'elles sont saturées de parfum on emploie la pression ou tout autre moyen pour extraire l'huile devenue odorante.

A la fin de la saison on procède à l'épuration des graisses ainsi parfumées, et on les livre aux fabricants de parfums ou de cosmétiques proprement dits.

Par ces procédés si simples on s'empare des odeurs de toutes les fleurs ; les effluves les plus délicates, les plus légères sont recueillies, et, pour isoler les parfums des graisses qui les emprisonnent, on les traite avec l'alcool qui, ayant plus d'affinité qu'elles pour l'arome qu'elles possèdent, s'en empare immédiatement. C'est ainsi qu'on compose ces délicieuses essences qui font revivre, pour l'odorat, au gré de notre caprice, toutes les sensations du printemps.

Le quatrième procédé inventé par M. Millon est à coup sûr plus scientifique, mais, nous le répétons, d'une application industrielle difficile. Il consiste à faire, dans de l'éther ou du sulfure de carbone, des lavages de fleurs dont on veut extraire le parfum. Ces substances s'emparent de la matière odorante et la dissolvent. On distille alors à froid. L'éther ou le sulfure se volatilise et on évapore le résidu dans un évaporateur chauffé modérément, au-dessus duquel on entretient une légère ventilation qui, emportant tout le fluide dissolvant, laisse le parfum très-pur sous l'apparence d'une poussière gommeuse.

Dans les cantons plus spécialement livrés à la culture des fleurs, un ou deux industriels possédant les appareils de distillation, d'enfleurage et d'infusion nécessaires achètent des paysans les fleurs fraîchement cueillies. Il n'est donc pas même nécessaire au simple paysan de posséder le moindre appareil pour retirer de leurs champs des fleurs ou de plantes aromatiques un profit que ne leur donnerait jamais la récolte des céréales, même dans les années les plus abondantes.

La graisse la plus employée est l'axonge, qu'il est toujours si facile de se procurer au village, et il suffit, pour l'épurer, de quelques lavages. Quant aux huiles, elles abondent en Portugal. Celles d'amandes pourraient y devenir un produit important. Les tourteaux de l'amande amère donnent de plus un parfum très-recherché et une pâte dont on fait un assez grand emploi.

Nous avons dit dans quel état, grâce au monopole, se trouvait la fabrication du savon ; le jour où le Portugal comprendra tout le parti qu'il peut tirer des matières premières qu'il possède, de ses huiles et de ses essences, les savons parfumés deviendront un de ses articles d'exportation les plus ordinaires. Les soudes ne lui manqueront pas ; l'Océan en est une réserve inépuisable. Il faudra qu'il emprunte à la savonnerie française les excellents procédés qui ont fait la réputation et la fortune de ses produits.

Nous n'avons traité, dans cet aperçu, que des ressources que le sol et le climat du Portugal pouvaient fournir à la culture et à l'industrie qui nous intéressent; mais quelque riches que soient celles que nous venons d'énumérer, elles n'égalent pas ce que donnerait la culture florale aux Açores qui, par le patriotisme déployé dans la dernière guerre, ont encore resserré d'une manière plus intime le lien qui les attachait à la mère-patrie et à l'auguste famille régnante.

Ces îles, qui ont jailli des flots de l'Océan, dans une irruption volcanique, étendent leurs groupes sur un rayon de plus de cent lieues. Terceire, Florès, Graciosa, Saint-Michel, Fayal, Sainte-Marie, Corvo sont les principales perles de cet écrin. Le climat de cet archipel est un printemps perpétuel; les chaleurs y sont tempérées par les brises de la mer et par les pics élevés qui absorbent constamment les vapeurs humides. L'air est salubre, comme on peut le voir à la force et à la santé de leurs habitants. Dans aucun pays du monde le sol n'est plus beau, plus riche, plus fécond. Dans des mains actives, ces îles deviendraient le grenier et le cellier de tous les navigateurs qui traversent l'Atlantique; elles seraient l'échelle obligée de ravitaillement où tous les produits se trouveraient en abondance. Les bois qui les couvraient lors de leur découverte furent brûlés pour planter la canne à sucre. Cette culture abandonnée, celle des orangers, des citronniers, de la vigne, des grains de toutes sortes l'ont remplacée. L'archipel expédie annuellement 200,000 caisses d'oranges. Depuis peu, les agriculteurs européens y ont introduit une si grande variété de végétaux que toute la nature européenne y semble transportée. Avec des soins et une direction convenable, on acclimaterait sur ce point les arbres et les plantes du monde entier. Le tabac, le sucre, le café y viennent à souhait, ainsi que toutes les plantes aromatiques ou médicinales qu'on exporte d'Amérique, dont les Açores semblent l'échelle avancée. Les fruits y présentent mille variétés : la pêche, la poire, l'abricot y mûrissent à côté des bananes et de l'ananas; les fleurs y ont aussi le caractère intermédiaire des deux continents. L'économie rurale paraît d'ailleurs lettre morte pour ces contrées, on n'y connaît aucune méthode d'engrais ou d'assolement, à peine un peu de routine sert de guide, et pourtant la terre est si bonne que tout y vient à point.

La population de ce bienheureux pays vit dans l'aisance; celle des classes inférieures est douce, active, intelligente, industrieuse, polie. La culture florale serait pour elle pleine de charmes; elle n'aurait pour cela qu'à seconder la nature. Les jeunes filles, belles comme ces Milésiennes qui effeuillaient les roses sur l'autel de Vénus, auraient vite fait leur gerbe odorante aux premiers rayons de l'aurore. Quelques appareils distillatoires, un atelier d'enfleurage feraient la fortune d'un village, et le labeur ne serait pas assez rude pour empêcher la viole de guider le soir le chœur animé des danseurs sous les bosquets embaumés.

Les Açores, Saint-Michel principalement, reçoivent annuellement pour plus de 300,000 fr. de parfumeries françaises.

Nous n'osons parler de Madère qui agonise sous la double lèpre de l'oïdium et du spéculateur anglais. Cependant les fleurs y croissent partout et les habitants étaient d'industrieux viticulteurs. Aujourd'hui les hommes cultivent la canne à sucre pour l'Anglais qui les paie peu et les femmes vont sur la montagne couper des fascines de genêts et de cytises. La Guinée. Mozambique, Goa, Diès, Timor, Macao pourraient fournir, aujourd'hui comme autrefois, à la parfumerie, les baumes et les résines des Indes; c'est une industrie qu'un mot, une impulsion peut faire renaître en Portugal et qui prospérerait rapidement si le gouvernement daignait porter sur elle l'attention éclairée qu'il accorde à tout ce qui intéresse la prospérité et l'avenir du pays.

Une industrie nouvelle ne s'organise pas sans doute sans quelques difficultés; mais sa réussite est toujours certaine lorsque le pays possède tous les matériaux nécessaires à cette entreprise à l'état naturel, et que de plus, sa situation géographique lui assure pour l'écoulement de ses produits des débouchés nombreux, en fait une des échelles obligées de la navigation et du commerce du monde entier. Une entreprise sérieuse, fondée comme les colonies agricoles du roi Dinis, par l'initiative royale et l'aide généreuse de ces antiques familles dont le nom est, en Portugal, synonyme de patriotisme, résisterait sans peine aux essais et aux premiers tâtonnements. Elle deviendrait sans peine une sorte d'école d'où sortiraient de bons enseignements et de sages pratiques. Des marchés de fleurs et des fabriques de parfums s'établiraient bientôt à Lisbonne, Porto, St-Michel, dans toutes les provinces. Ils deviendraient pour la parfumerie étrangère des points d'approvisionnements. Les plus fortes combinaisons d'intérêt établi qui pourraient se joindre aux habitudes prises pour combattre ces nouvelles concurrences ne résisteraient pas à la supériorité des moyens de production et devant le bon marché et l'abondance des produits, en présence surtout des besoins toujours croissants de la consommation.

Nous ne saurions évaluer par chiffres exacts de quel rapport nos indications, si elles étaient suivies, augmenteraient les revenus des classes agricoles et industrielles du Portugal, mais nous sommes sûrs de rester bien en deçà de la vérité en disant, que la production des essences et des pommades s'élèverait seule à plusieurs millions, et que ces produits seraient obtenus dans des conditions plus favorables qu'en Provence et dans les localités allemandes dont ils font la fortune.

PARIS. — Imprimerie RENOU et MAULDE, rue de Rivoli, 144 36110

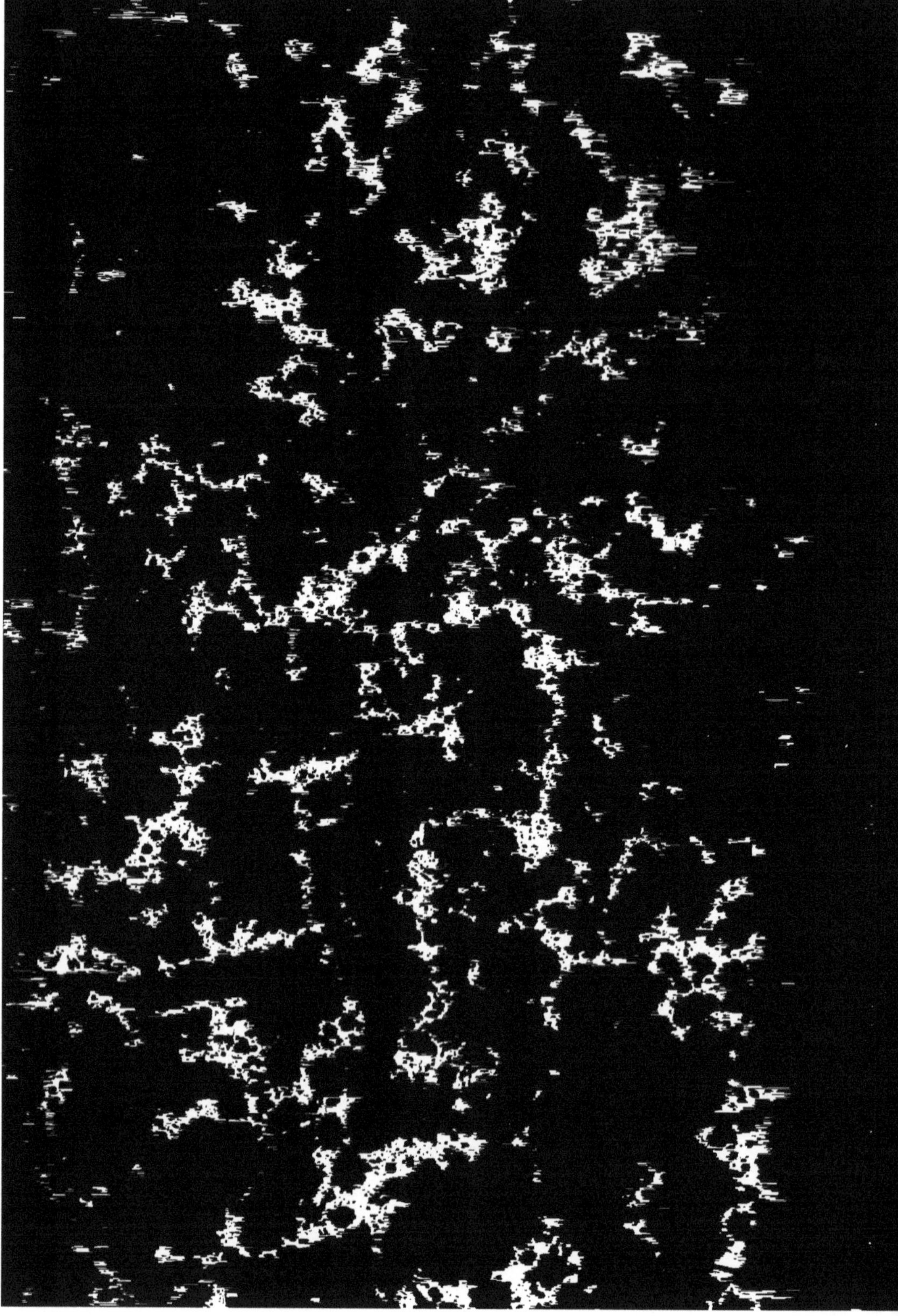

www.ingramcontent.com/pod-product-compliance
Ingram Content Group UK Ltd.
Pitfield, Milton Keynes, MK11 3LW, UK
UKHW020211200726
13856UKWH00004B/1318

9 782013 619172